可爱的动物
宝宝图鉴

[日] 今泉忠明 著

吕平 译

北京时代华文书局

图书在版编目（CIP）数据

可爱的动物宝宝图鉴 / （日）今泉忠明著；吕平译 . — 北京：北京时代华文书局，2023.1
ISBN 978-7-5699-4779-3

Ⅰ . ① 可… Ⅱ . ① 今… ② 吕… Ⅲ . ① 动物 — 普及读物 Ⅳ . ① Q95-49

中国国家版本馆 CIP 数据核字 (2023) 第 045853 号

北京市版权局著作权合同登记号 图字：01-2019-3583 号

Soredemo Ganbaru! Don't Mind na Akachan Doubutsu Zukan by Tadaaki Imaizumi
Copyright © 2018 Tadaaki Imaizumi
Original Japanese edition published by Takarajimasha, Inc.
Simplified Chinese translation rights arranged with Takarajimasha, Inc.
Through Hanhe International(HK) Co., Ltd.China Simplified Chinese translation
rights © 2019 Beijing Time-Chinese Publishing House Co., Ltd..

拼音书名 | KEAI DE DONGWU BAOBAO TUJIAN

出 版 人 | 陈 涛
责任编辑 | 余荣才
责任校对 | 张彦翔
装帧设计 | 孙丽莉　王艾迪
责任印制 | 訾 敬

出版发行 | 北京时代华文书局 http://www.bjsdsj.com.cn
　　　　　北京市东城区安定门外大街 138 号皇城国际大厦 A 座 8 层
　　　　　邮编：100011　电话：010 - 64263661　64261528
印　　刷 | 三河市嘉科万达彩色印刷有限公司　0316 - 3156777
　　　　　（如发现印装质量问题，请与印刷厂联系调换）
开　　本 | 880 mm × 1230 mm　1/32　　印　张 | 4　字　数 | 92 千字
版　　次 | 2023 年 7 月第 1 版　　　　　印　次 | 2023 年 7 月第 1 次印刷
成品尺寸 | 145 mm × 210 mm
定　　价 | 55.00 元

我们人类的小宝宝，
是在妈妈、爸爸的精心呵护下，
在安全的环境中长大的。
那么，
野生动物的宝宝们
是在什么样的环境中长大的呢？
我们一起去看看吧！

就已经非常了不起了！

不管怎么说，能够生存下去

我只能喝四天奶，然后就必须自己去找东西填饱肚子。

我每次都得让妈妈帮我把屁股弄干净，要不然很快就会被敌人发现。

如果我们生下来不立刻奔向大海，就会被敌人吃掉。

我们长大后也会变成一头金发……

算了，我还是放弃吧！

可是，即便如此，大家还是通过不断进化，努力地活下去。

我身上有非常适合在<u>丛林</u>中生活的圆斑点，所以很难被敌人发现。

除了这些，我们动物宝宝还有为了生存下去而进化来的各种各样的身体构造呢！

那么，一起去看看吧！

前　言

现在翻阅本书的各位读者，当然也是从婴儿时期开始一天一天地长大的。

"哇"，伴随着第一声啼哭，我们从妈妈的肚子里呱呱坠地，在爸爸妈妈的精心养育下茁壮成长，然后生存至今。

动物和我们一样，最初都是以小宝宝的形态出生的。不同的是，有些动物宝宝是像我们人类一样从妈妈的肚子里生出来的，有些动物宝宝则是从硬蛋壳里孵化出来的。动物的种类不同，它们的出生方式也各不相同。在严酷的生存环境中，它们的重点在于如何将自己的子孙后代繁衍下去，并实现不断进化。

在动物宝宝成长的过程中，一些看起来很强壮的动物身上隐藏着很多"不为人知的一面"。本书介绍了一些看到后就会让人忍不住扑哧一笑的动物的羞人习性，也介绍了一些看到后就会让人忍不住高喊"好样的"的可爱动物宝宝的行为。从动物们努力顽强的生存勇气中，我们可以知道生命的可贵和神奇。

接下来，我们一起去探索这些可爱的动物宝宝们的秘密吧。

目　录

第1章

最喜欢爸爸妈妈了！
娇生惯养的动物宝宝

即使如此也要活下去！
不会很快适应生存的动物宝宝

第 **3** 章

华丽的转变！
顺利完成变身的宝宝

谢谢你的出生！
出生不济的动物宝宝

第 1 章

最喜欢爸爸妈妈了!
娇生惯养的
动物宝宝

和我们人类一样,
动物宝宝们也很喜欢它们的爸爸妈妈!
我们来看看生活在浓浓爱意中的动物宝宝们吧。

非洲水雉宝宝被生硬地
夹在爸爸的翅膀下

非洲水雉生活在非洲撒哈拉沙漠以南的陆地水域一带。它们两腿修长，长长的脚趾张开支撑着身体，每天在睡莲等水生植物上走来走去，悠闲地吃着昆虫等食物。

非洲水雉宝宝是由雄鸟负责养育的。雌鸟的体形通常比雄鸟的体形大，它们生了蛋后就离开鸟巢，负责驱赶敌人，不让敌人接近鸟巢，所以不在雏鸟身边。[①]

从蛋中孵化出来的宝宝，虽然能够捉虫子吃，但还是会待在雄鸟身边。因为它们还不能长时间地走动。雄鸟有着独特的携带宝宝的方式，即把宝宝夹在翅膀和两腿上方的身体之间进行活动。这样做，宝宝也会感到很舒服。当宝宝稍长大些后，它们的脚就会在雄鸟翅膀下面露出来。这时，雄鸟看上去就像别的物种。

生物数据	非洲水雉
学名	*Actophilornis africana*
分类	鸟纲鸻形目水雉科
栖息地	热带
孵化期	约20天
产卵数	约4枚

①事实上，非洲水雉实行一妻多夫制，雌鸟产下蛋后就会将蛋丢给雄鸟孵化，自己离去寻找另一只雄鸟，所以不在孵蛋的雄鸟身边。

3

穴兔宝宝睡在妈妈的兔毛床上

穴兔喜欢在山野间挖洞，并在洞里面生活。经过改良驯化后，穴兔就成为家兔。

在生产前，穴兔妈妈肚皮上的毛很容易脱落。而刚出生的穴兔宝宝浑身没有毛，粉红色的皮肤直接裸露在外面。没有兔毛保温，穴兔宝宝不能抵御寒冷。偏偏这时穴兔妈妈脱毛达到高峰！不过，穴兔妈妈有办法。它用收集来的稻草铺成床，再在上面铺上从自己身上脱落下来的柔软保温的毛。这样的床，既为穴兔宝宝带来了温暖，也帮助穴兔妈妈抵御了寒冷。

这样的事情真是可爱得不得了。虽说穴兔妈妈"看着掉毛也不觉得疼"，但它为保护孩子，就算"揪毛也不疼"吧。

生物数据 **穴兔**

学名	*Oryctolagus cuniculus*
分类	哺乳纲兔形目兔科
栖息地	阿尔及利亚北部、西班牙、葡萄牙、摩洛哥北部
妊娠期	28～33天
产崽数	5～6只

暖和吗？
我肚子都光秃秃了。

嗯，暖暖的。

考拉宝宝身上有糖浆的气味

喝奶长大的考拉宝宝，身上有糖浆的气味。实际上，这是可用来制作糖浆的桉树的气味。就如同人吃了大蒜后会在身上留下大蒜的气味一样，吃桉树叶的考拉宝宝身上散发出了桉树的气味。

实际上，桉树叶对大多数动物都是有毒的。而考拉能用2米长的肠子慢慢解毒。当然，这需消耗很多的能量和时间。另外，桉树叶几乎没有什么营养，我们也就看到，考拉或许为了保存体力，除了吃的时候外，其余时间要么待着不动，要么睡觉。

考拉之所以进食有毒的桉树叶，一种说法是，它们的祖先在生存竞争中失败了，所以只好爬上大树求生存。雪上加霜的是，最终它们只有桉树叶可吃。

生物数据 考拉

学名 *Phascolarctos cinereus*

分类 哺乳纲袋鼠目树袋熊科

栖息地 澳大利亚

妊娠期 34～36天

产崽数 1只

海獭宝宝因绒毛太厚
而不能下海潜水

　　海獭的一生几乎都在海里度过。刚出生的海獭宝宝浮在海面上，不能潜水。因为它的全身被密密的绒毛包裹着，这些绒毛间含有很多空气，形成的浮力让海獭宝宝无法潜入海水里。

　　海獭妈妈潜入海水里捕食时，海獭宝宝只能浮在海面上等待。海獭妈妈返回水面后，就把宝宝放在肚子上，然后朝它身上吹气，以让它的身子暖和起来，防止受冻。

　　当海水的温度降到11℃以下时，为了避免宝宝因过冷而冻死，海獭妈妈就将宝宝的湿绒毛弄干。宝宝在长大之前，一直需要这样的照顾。另外，宝宝吸奶时，会将屁股对着妈妈的头部，因为乳头在妈妈的腿根部。

生物数据　海獭

学名	*Enhydra lutris*
分类	哺乳纲食肉目鼬科
栖息地	美国、俄罗斯、加拿大等国家
妊娠期	9～10个月
产崽数	1只

座头鲸宝宝
相当能喝

　　座头鲸宝宝一出生，身长可达4~6米，体重可达1~3吨，身长和体重都是超出一般等级的。

　　座头鲸宝宝出生时的块头如同巨型冰箱，它们喝的奶量也是惊人的，平均每天要喝600升的奶。这个量要用3个浴缸来盛装。每头座头鲸宝宝的体重约为人类婴儿的433倍[①]。

　　人类宝宝一天约需要喝5次奶，每次约为200毫升，总量约为1升。可见，座头鲸宝宝一天的喝奶量约为人类宝宝的600倍，所以相当"能喝"。我们会担心，每天喝如此巨量的奶会让座头鲸妈妈很辛苦。不过，成年座头鲸的身长约为14米，整个身子相当于4层建筑物的大小，所以，座头鲸妈妈每天提供3浴缸的奶量也是可以理解的。

生物数据　座头鲸

学名	*Megaptera novaeangliae*
分类	哺乳纲鲸偶蹄目须鲸亚目须鲸科
栖息地	南极周边
妊娠期	约1年
产崽数	1头

①以人类婴儿出生时体重3千克为基准考虑。

汤氏瞪羚宝宝托妈妈的福，屁股从来不会臭

在非洲汤氏瞪羚栖息地，有很多肉食动物都是它们的捕食者，如狮子、猎豹等。对于汤氏瞪羚宝宝来说，它们不能像成年汤氏瞪羚一样疾跑，一旦被这些捕食者发现，就意味着死亡。汤氏瞪羚妈妈为保护它们，会一遍一遍不厌其烦地舔它们的屁股，使其不散发出臭味，然后把它们藏在草丛里。做完这些，它就可以放心地在一旁吃草。因为只要宝宝身上没有臭味且保持不动，就很难被捕食者发现。

回来喂奶的时候，汤氏瞪羚妈妈也会不停地舔孩子的屁股，把上面残留的尿液和粪便全都舔干净。顺便一提，日本的鹿和羚羊等草食动物的妈妈也会舔干净宝宝的屁股，使其不散发出臭味。

虽说是自己的孩子，但是舔屁股这种事，没有十足的爱是做不到的。由此可见，妈妈的爱，实在令人震惊！

生 物 数 据　汤氏瞪羚

学名	*Eudorcas thomsonii*
分类	哺乳纲偶蹄目牛科
栖息地	肯尼亚、坦桑尼亚、苏丹
妊娠期	约188天
产崽数	1只

大象宝宝觉得自己的鼻子很碍事

大象的鼻子为什么这么长呢？

大象的头很大，很难弯曲前腿。有人认为，大象原先的鼻子和上嘴唇的合体伸长后就成了现在可以自由操控的长鼻子；也有人认为，大象的祖先生活在水中，它们把鼻子伸到水面上方呼吸，最终进化出了长鼻子。

大象的长鼻子能抓取东西、吸水饮用，功能很多。但是，刚出生的大象宝宝并不知道怎么使用自己的鼻子。它们直接用嘴巴吮吸乳汁，自然就感到自己的鼻子很碍事。"这是怎么回事？！"有时候，它们会因踩到自己的鼻子而发出惨叫。

就像人类的宝宝有时候会吮吸手指一样，大象宝宝有时候也会吮吸鼻子。它们不断感觉和学习鼻子的使用方法，渐渐地就能够熟练使用了。

生 物 数 据	非洲象
学名	*Loxodonta africana*
分类	哺乳纲长鼻目象科
栖息地	非洲境内
妊娠期	22个月
产崽数	1头

蜜袋鼯宝宝会连续吸吮两个半月的乳汁

大眼睛的蜜袋鼯可以像鼯鼠一样展开前脚和后脚之间的膜进行滑翔。不过，它们不是鼯鼠的近亲，而是将宝宝放在腹部育儿袋里来养育的袋鼠等动物的近亲。

蜜袋鼯宝宝出生后，会自行爬入妈妈胸前的袋子里，然后就咬住妈妈的乳头不放，同时进行吸吮，时间长达两个半月。它们一把妈妈的乳头放到嘴里，乳头就会一下子膨胀起来，并很难从嘴里掉出来。因为乳头的顶端已经伸到了喉咙深处的食道处，即使它们没有吸取力也不会脱离。虽然乳头伸到食道会带来难受感，但是对蜜袋鼯宝宝来说，一出生就和妈妈紧紧相依，这样会让它们很安心。

生物数据　蜜袋鼯

学名	*Petaurus breviceps*
分类	哺乳纲有袋目袋鼯科
栖息地	澳大利亚北部，塔斯马尼亚岛
妊娠期	约17天
产崽数	1~2只

霍加狓宝宝出生后数十天内不排便

霍加狓的腿上长着美丽斑纹，因此被人们称为"森林中的贵妇人"。它们经常被误认为是马和斑马的近亲，但实际上它们是长颈鹿的近亲。

霍加狓妈妈养育后代是超级简单和快乐的，原因是它们的乳汁营养价值非常高，每天喂一次奶就可以满足宝宝的全部需要。这与我们人类每天需要多次给婴儿喂奶相比，简直是太轻松了。

托这个超级营养奶的福，霍加狓宝宝出生后大约30天不排便。为此，最开始饲养霍加狓的人会非常担心，总是担心它们"是不是便秘"了。其实，这种担心是完全多余的。因为霍加狓宝宝几乎全部吸收了妈妈的超级营养奶，没有留下什么残渣，也就没有什么可排出的了。

因为不排便，也就没有因屎臭而被敌人发现的危险。这真是再好不过的了。

（ 生 物 数 据 ）　霍加狓

学名	*Okapia johnstoni*
分类	哺乳纲偶蹄目长颈鹿科
栖息地	刚果民主共和国
妊娠期	15个月
产崽数	1只

猫妈妈一洗澡就让猫宝宝很头疼

　　猫宝宝出生后10天左右才能睁开眼睛，但是它们会本能地通过气味和体温找到妈妈的乳头。

　　猫妈妈的乳头一般有4对8个（猫的品种不同，乳头数量也不同，有6~12个）。猫宝宝在能睁开眼睛之前，总是在同一个乳头上吸奶。这时猫宝宝们还不能缩回指甲，一旦发生乳头争夺战，就会弄得彼此伤痕累累。为此，事先确定自己的专用乳头，彼此就能和平地喝奶。因为每个乳头带给猫宝宝的气味和舌触觉不同，即使它们眼睛看不见，也能通过气味和舌头的触觉找到自己的专用乳头。

　　不过，一旦猫妈妈洗澡了就麻烦了。因为这会让乳头上的气味被洗掉，猫宝宝也就无法找到自己的专用乳头。因而，为了猫宝宝着想，最好不要让刚生产完的猫妈妈洗澡。

生物数据　野猫

学名	*Felis silvestris catus*
分类	哺乳纲食肉目猫科
栖息地	全球各地
妊娠期	约65天
产崽数	2~6只

穴居淡水螯虾到了人类爷爷奶奶的年纪才开始生宝宝

穴居淡水螯虾生活在美国各地水域的洞穴中，大多身体透明。因为一直生活在漆黑的洞穴中，它们大多是盲眼，只能用长长的触角感知周围环境。

据记载，它们中的一些种类，寿命最高可达175岁！并且，它们要经历漫长的年月才具备生育能力，有些到100岁时才开始生育！因此，对穴居淡水螯虾宝宝来说，它们父母的年纪已经相当于人类的爷爷、奶奶级别了。

话说回来，在它们的世界里，100岁还属于"年轻虾"。它们的长寿秘诀之一就是尽可能地不消耗能量，抑制代谢。也许在食物——浮游生物少得可怜的洞穴中一动不动地生活，生长速度会慢得可怕吧。

生物数据 穴居淡水螯虾

学名	*Cave crayfish*
分类	软甲纲十足目螯虾总科
栖息地	美国各地洞穴
孵化期	几个月
产卵数	数十粒

大白鲨宝宝生活在充满了"奶"的肚子里？！

大白鲨以"海洋顶级捕食者"而闻名，最重要的猎物是海洋哺乳动物，如海豚和海狮等。不过，相关研究①表明，大白鲨宝宝是喝着妈妈营养丰富的"奶水"长大的。最令人惊奇的是，它们"喝奶"的地方竟然是妈妈的子宫！

鲨鱼的生育方式分为卵生和卵胎生，大白鲨的生育方式为后者。

据研究发现，在妊娠初期，雌大白鲨会在子宫内壁分泌大量的奶状液体，以给宝宝提供营养。就这样，大白鲨宝宝在妈妈盛满奶的肚子里面茁壮成长，身体也渐渐变成白色，一直长到1.3~1.5米时才从妈妈的身体里出来。

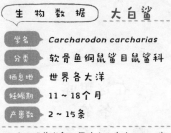

生 物 数 据　大白鲨

学名	*Carcharodon carcharias*
分类	软骨鱼纲鼠鲨目鼠鲨科
栖息地	世界各大洋
妊娠期	11~18个月
产崽数	2~15条

①指冲绳美之岛财团综合研究中心的研究。

懒熊宝宝从小就懒惰？！

懒熊生活在印度等地区的森林里。虽然名字中带"懒"，但它们绝对不懒惰。懒熊擅长爬树，可以用长长的爪子抓住树枝，并悬挂在上面。懒熊是夜行动物，白天基本都在睡觉，以致人们以为它们跟树懒一样喜欢睡觉，就给它们起名叫"懒熊"。

懒熊中的母熊带宝宝时，总是把宝宝背在背上。这样做的一个好处是，它们的敌人不容易发现懒熊宝宝；另一个好处是，它们能快速逃跑，很快远离敌人。

不过，当看到懒熊宝宝抓着妈妈的长毛爬到它的背上时，我们就会觉得这是一种不用自己走路的偷懒手段。这也许表明它们真的很懒吧。

生物数据 懒熊

学名 *Melursus ursinus*

分类 哺乳纲食肉目熊科

栖息地 印度和斯里兰卡

妊娠期 6~7个月

产崽数 1~3头

七彩燕鱼宝宝是喝着
黏糊糊的"奶"长大的

七彩燕鱼是生活在南美洲亚马孙河流域的淡水鱼，其体色美丽多变，素有"热带鱼王"的美称。

七彩燕鱼每次产卵50~300粒，这些卵受精后由雌雄亲鱼共同孵育，在3~4天内孵出宝宝。孵出后，宝宝就会像黏在亲鱼身上一样跟随亲鱼游来游去。这时，亲鱼的身体里会流出被称为"七彩神仙鱼奶"的黏糊糊液体。液体的名字虽叫"奶"，却不是我们常见的白色，而是透明的。只要亲鱼的身体变黑，就会有黏糊糊的鱼"奶"流出。因为雄鱼也会分泌"奶汁"，所以亲鱼夫妇可以交替喂养。爸爸居然也产"奶"，真是名副其实的"奶爸"啊！

七彩燕鱼"奶"含有能提高免疫力的优秀蛋白质，喝了这种"奶"的宝宝能够快速、健康地成长。

生物数据　七彩燕鱼

学名	*symphysodon acquifasciata*
分类	硬骨鱼纲鲈形目慈鲷科
栖息地	南美洲
孵化期	3~4天
产卵数	50~300粒

巨鹱宝宝吃妈妈
反刍的"烧饭"

巨鹱生活在南极洲海岸或岛屿一带，它们的英文名字中含有"海鸥"这个单词，但它们并不是海鸥，而是鹱形目鸟类中的一种。

最令人惊讶的是它们吃的食物。它们以海豹和鲸等的尸体为食，偶尔也以企鹅的雏鸟和企鹅蛋为食。

巨鹱孵蛋，大约需要经历两个月的时间宝宝才会破壳而出。宝宝在离巢前的3~4个月里，全靠父母喂食。不过，它们的饭食相当不好吃，因为饭食全是父母食用海豹或鲸等的尸体后反刍出来的。对人类来说，反刍食物是难以接受的，但鸟类嗅觉不发达，所以食用反刍食物基本没问题。对于巨鹱来说，这是非常正常的食物。因为食物经反刍后，已经消化了一半，所以非常适合做宝宝的食物。只是，应该还有比这更好吃的东西吧！

生 物 数 据 巨鹱

学名	Macronectes giganteus
分类	鸟纲鹱形目鹱科
栖息地	南极洲及其周边海洋
孵化期	55 ~ 66天
产卵数	1枚

专栏

那个断奶食品
是粪便吗？

作为创刊号的宝宝杂志《佛系的蹒跚学步俱乐部》，为了向大家表示感谢，将陆续举办粪便断奶食品大特辑！

知之为知之，不知为不知！"粪便食品"的好处

吃自己或其他动物粪便的行为被称为"粪食"。在我们人类看来，肯定会发出疑问："既然有别的好吃的东西，为什么还特意吃粪便呢？"虽然大家觉得很不可思议，但是粪便作为食物最大的好处就是其中残留着重要的营养成分。

另外，能够摄取从其他食物中不能摄取的营养也是吃粪便的好处之一。热衷于吃粪便的兔子就是很好的例子。

吃粪便的动物宝宝也是如此。尽管动物种类不同，但在出生后不久，"粪便断奶食品"都是动物宝宝最好的食物。通过吃妈妈或爸爸的粪便，可以让动物宝宝摄入体内

粪便断奶食品是"妈妈的味道"！同时摄取营养和益生菌

必要的细菌和营养成分！动物妈妈不要害怕，试着让宝宝尝尝有营养的粪便吧！

顺便一提，肠道里有无数的大肠杆菌，所以有些动物只要从口中摄入大肠杆菌就会生病。

对我们人类而言，绝对不能吃粪便，所以请务必注意。（《佛系的蹒跚学步俱乐部》编辑部）

下面这些动物宝宝是怎么吃粪便断奶食品的呢？
我们咨询了《佛系的蹒跚学步俱乐部》的评论员们！

粪便的特点就是绿色。

吃了粪便的考拉宝宝两周内体重会增加一倍。"多亏了粪便，宝宝长大了也能吃桉树叶子了。"（考拉妈妈说）

考拉母子
考拉妈妈和考拉宝宝（出生后一个月）

粪便是从考拉妈妈的盲肠中排出来的。这种粪便富含蛋白质等营养成分，而且还富含消化桉树叶子所需的微生物、酶和解毒剂。

河马母子
河马妈妈和河马宝宝（出生后一周）

河马宝宝吃河马妈妈的粪便是为了摄取消化酵素和帮助消化食物的细菌。它们是为了以后吃草的时候有助于消化而吃粪便的。

粪便对我们来说是不可缺少的存在。

偶尔也会有妈妈吃自己宝宝的粪便，或者自己吃自己的粪便的情况。"粪便真的非常好。"（河马妈妈说）

我们兔子的粪便是圆溜溜的。

"我们的代谢率很高，内脏小，单靠一次消化是无法完全消化食物的。因此，为了重新消化，成年兔子也吃粪便。"（兔妈妈说）

兔子母子
兔妈妈和兔宝宝（出生后8周）

兔宝宝在出生后的8周内会吃被称为"盲肠粪"的粪便。长大后吃粪便是为了调理肠道环境。

即使如此也要活下去！

不会很快适应
生存的动物宝宝

对于野生动物宝宝来说，

在大自然和残酷的生存竞争中生存下来是非常困难的。

但是，它们用进化过程中获得的"宝贵经验"作为武器，

顽强地活了下来。

仓鼠宝宝爱玩捉迷藏，
却把妈妈给难住了

在众多宠物中备受欢迎的仓鼠，应该是我们很熟悉的动物吧。仓鼠原本生活在干旱地区，如欧洲和亚洲的沙漠里，栖息在地下洞穴内。对仓鼠宝宝来说，只有洞穴才是最安全的地方。仓鼠宝宝本能地觉得外面很危险，所以在洞穴外面的时候，它们就有只要找到狭窄的地方就钻进去不出来的习性。

即使是跟随成年仓鼠一同离开洞穴，仓鼠宝宝也会本能地做出"外面糟透了！一定要避免被敌人发现"的反应，因此它们千方百计地躲藏起来。仓鼠妈妈会拼命地寻找躲藏起来的孩子，并把它们带回家。仓鼠妈妈往往被宝宝牵着鼻子走，与我们人类没什么区别，带孩子真的很辛苦。

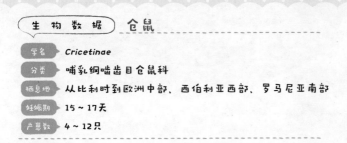

生物数据　仓鼠

学名	*Cricetinae*
分类	哺乳纲啮齿目仓鼠科
栖息地	从比利时到欧洲中部、西伯利亚西部、罗马尼亚南部
妊娠期	15～17天
产崽数	4～12只

藏酋猴宝宝经常被当作成年猴之间重归于好的工具

藏酋猴的雄性和雌性的面部都长着浓密的须毛，看上去毛茸茸的。一般来说雄性猴子都不会抱着自己的宝宝，但雄性藏酋猴是个例外。它们会抱着孩子，并照顾宝宝、陪宝宝玩，感受带宝宝的烦恼。

出于好斗的天性，雄性藏酋猴们几乎每天都会打架。不过，有时它们也会做出"双手抱孩举高高"这样新奇的动作来讨好占据优势的雄性，希望双方和好如初。这时，想和好的一方会抱起对方喜欢的宝宝，如果对方接受的话，双方就会一起把宝宝举起来。这一幕简直就像动画电影《狮子王》里的片段。

实际上，成年藏酋猴的争斗和它们的宝宝本身没有任何关系。对它们的宝宝来说，这样做除了给它们增添麻烦外，没有任何意义。因此，当它们被举起来时，它们可能会抱怨："你们争斗，跟我有什么关系吗？！"

生物数据　藏酋猴

学名	*Macaca thibetana*
分类	哺乳纲灵长目猴科
栖息地	中国中东部
妊娠期	约5个月
产崽数	1只

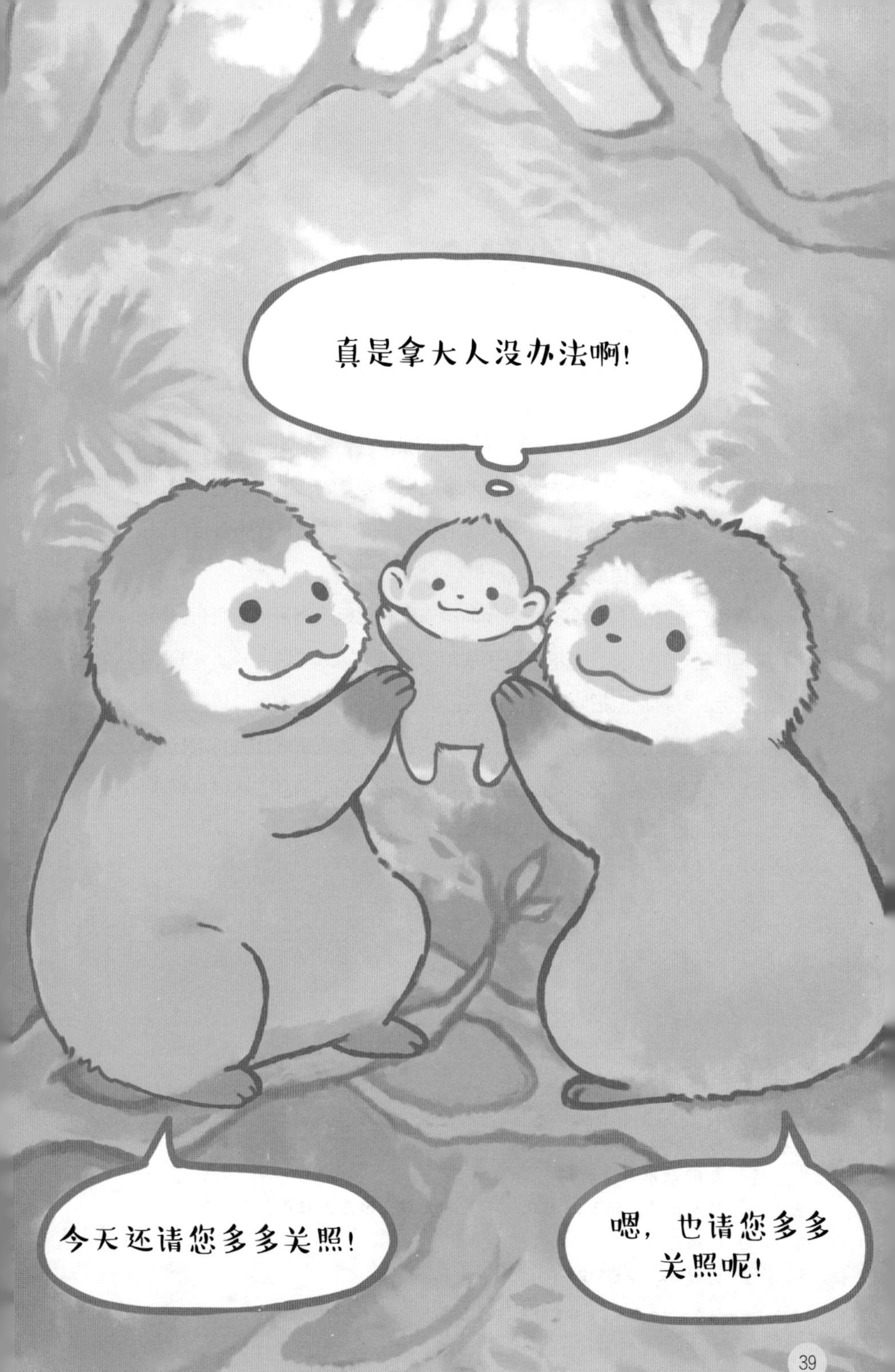
真是拿大人没办法啊!
今天还请您多多关照!
嗯，也请您多多关照呢!

仓鸮宝宝从小就会察言观色

一般的情形是，鸟类的宝宝看到食物时都会张大嘴巴高叫："是我的！是我的！"它们会争先恐后地冲着父母索要食物，这应该是它们在大自然中求生存的一种本能。不过，根据一项研究①发现，仓鸮宝宝可以把吃的东西让给肚子更饿的兄弟姐妹们。

仓鸮宝宝中，往往会有一只用叫声告诉兄弟姐妹们自己到底有多饿。兄弟姐妹们听了，就会对这只肚子最饿的兄弟（姐妹）说："请你先吃，请你先吃！"然后就把吃的食物让给它吃。

人们发现，只有当仓鸮一次性生很多宝宝时，宝宝间才会有这样的行为。仓鸮宝宝兄弟姐妹之间不会为了食物进行丑恶的争斗，这种互相谦让的友好精神真是非常值得我们人类学习啊！

生物数据　仓鸮

学名	*Tyto alba*
分类	鸟纲鸮形目草鸮科
栖息地	非洲大陆、北美洲大陆、南美洲大陆、欧亚大陆南部及西部
孵化期	约30天
产卵数	一般5枚（2～9枚）

①根据瑞士洛桑大学生态学家的研究结果。

指猴宝宝学会挖洞技术
需要4年时间

    指猴是一种生活在非洲马达加斯加的猴子。单看"指猴"两字，我们的脑海中也许会浮现出非常可爱的形象，但遗憾的是，它们的真实面貌并不可爱。虽然它们并没有做什么祸害人类的事，但仅因其外表，当地人就称其为"恶魔的使者""不吉利的象征"等，再加上它们的叫声凄厉，也就让人更加认为它们是不吉利的。

    指猴用进化来的细长中指捕捉食物。它们用中指连续敲打树木，从声音中判断树木中是否有虫子。如果判断出树木中有虫子，它们就用坚硬的门牙将树木咬出一个洞，然后将长长的中指伸入洞中，把虫子抠出来。

    指猴宝宝出生后18周左右开始学习觅食，不过掌握用中指敲打判断是否有虫子的技术大约需要4年的时间。如果不快点学会这项技术，它们就会一直饿着肚子，估计到时饿得连中指都抬不起来了。

生 物 数 据　指猴

学名	*Daubentonia madagascariensis*
分类	哺乳纲灵长目指猴科
栖息地	马达加斯加
妊娠期	约170天
产崽数	1只

袋鼠宝宝的路线信息
是妈妈的口水

　　雌性袋鼠的腹部长有前开的育儿袋，它们把宝宝放在育儿袋里养育。袋鼠宝宝体长约2厘米，属于超早产儿，是从袋鼠妈妈屁股上用来排泄粪便和尿液的孔（泄殖孔）里产出的。对于这么小的早产儿来说，育儿袋距离出生地是非常遥远的。

　　那么，袋鼠宝宝是怎么来到妈妈的育儿袋里的呢？原来，它全靠妈妈用舌头在从尾根到育儿袋之间的肚皮上舔出一条狭窄的湿润通道。袋鼠宝宝就是沿着这条小道艰难地爬进育儿袋里的。因为袋鼠宝宝还不能辨识方向，所以只能追寻着妈妈口水的气味，沿着妈妈舔出的路线拼命地往前爬。

　　也许你会想到，袋鼠妈妈直接把宝宝放进育儿袋里不就行了。事实上，这时的袋鼠宝宝非常脆弱，一碰它就相当于给它带来致命的打击，所以不碰它才是妈妈的爱。

（ 生 物 数 据 ） 红 袋 鼠

学名	*Macropus Rfus*
分类	哺乳纲袋鼠目袋鼠科
栖息地	澳大利亚、塔斯马尼亚岛、新几内亚岛
妊娠期	30 ～ 40 天
产崽数	1 只

拟椋鸟宝宝在从树枝垂下来的 "鼻涕" 中长大

拟椋鸟幼鸟是在鼻涕形状的鸟巢中长大的。虽然这种鸟巢的形状很奇怪，但这个鸟巢是为了保护鸟蛋和幼鸟而设计的，是父母"汗水和鼻涕"的结晶。

首先，因为拟椋鸟选择的地方要远离喜欢偷吃鸟蛋的猴子，所以会选择孤零零的树木进行筑巢。其次，拟椋鸟将草木的纤维巧妙地编织起来，轻轻悬挂在细树枝的顶端，就做成了一个鼻涕形状的鸟巢！因为是在树枝的末端筑巢，所以鼻涕形鸟巢会不停地摇晃，这样一来，蛇等外敌就无法靠近了。鸟巢长度在60~180厘米，稍微有点风就会摇摇晃晃，更加感觉像是悬垂的鼻涕。

虽然从侧面看，鸟巢的形状非常笨重，对幼鸟来说却是非常安心的家。不管鸟巢的形状多么像鼻涕，这都是拟椋鸟妈妈像建筑师一般的良苦用心。

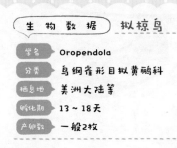

生物数据　拟椋鸟

学名	Oropendola
分类	鸟纲雀形目拟黄鹂科
栖息地	美洲大陆等
孵化期	13~18天
产卵数	一般2枚

47

蓝鲸宝宝1小时
长4千克

　　蓝鲸不仅是世界上现存动物中个头最大的，而且与考古发现的古老生物——恐龙相比，其个头也是最大的。蓝鲸身长可达33米，体重可达181吨。

　　蓝鲸宝宝的个头也是巨大的，出生时身长约7米，体重约2.5吨。体重如此巨大，所以它每天喝的奶量也是相当惊人的——每天需要喝380~570千克的奶。仅仅一天，蓝鲸宝宝身长增加约3.8米，体重增加约100千克。也就是说，它每小时身长增长约15厘米，体重增加约4千克。仅仅1小时体重就增长4千克，如此显著的变化，我们人类可能会担心它的身体吃不消，实际上对它来说是再正常不过的事情。

生 物 数 据　蓝鲸

学名	Balaenoptera musculus
分类	哺乳纲鲸偶蹄目须鲸科
栖息地	全世界范围内海洋
妊娠期	10 ~ 12个月
产崽数	1头

王企鹅宝宝比妈妈更大

　　王企鹅宝宝浑身被棕色的毛覆盖着，看上去像海绵一样，一点也不像它们的父母。而且，它们充分地长到身高100厘米左右后，体形竟比父母大一圈，与父母并列时会让人感到很不协调。它们走起路来摇摇晃晃地，就像醉汉一样。

　　它们的个头之所以会变得那么大，是因为它们要度过漫长的严冬。在鱼类丰富的夏季，它们要尽量多吃，以储存更多的能量。据说，这时它们的身体一半以上都被胃所占据。

　　到了食物枯竭的冬天，每只王企鹅宝宝的体内都储存了大量的脂肪。大家在被称为"托儿所"的宝宝群中一起度日，一心等待着去远方捕鱼虾的父母归来喂食。冬天结束的时候，它们的身子会飞快地瘦下来，肚子变成空瘪瘪的样子。

生 物 数 据　王企鹅

学名	*Aptenodytes patagonicus*
分类	鸟纲企鹅目企鹅科
栖息地	南极洲及其附近岛屿
孵化期	约55天
产卵数	1枚

冠海豹宝宝只能喝4天奶

　　有一种海豹，雄性的鼻子前鼓起部分就像一顶帽子，人们根据这一特点将这种海豹命名为冠海豹。雌冠海豹生下宝宝后，仅仅负责养育4天。它们是喂奶时间最短的哺乳动物。冠海豹宝宝只和妈妈一起度过4天时间，就能独自成长，其中一个原因是妈妈乳汁的营养价值很高。雌冠海豹乳汁的热量超高，约为牛奶的15倍，其中脂肪占60%。因而，出生后仅仅4天，冠海豹宝宝就可从20千克快速长到40千克。另外，据说它们和身材粗壮的妈妈分开后，可以减少被天敌发现的危险。

　　本以为和自己的孩子分开后，雌冠海豹一定会很伤心，但没想到它马上就去找下一个雄性对象了。也许这是它的生存本能，但是一想到它的孩子，我的心情总是感到有点落寞。

（　生　物　数　据　）　冠海豹

学名	*Cystophora cristata*
分类	哺乳纲食肉目海豹科
栖息地	北冰洋
妊娠期	11个月
产崽数	1头

鸡宝宝的嘴上长着
小小的牙齿

你知道吗？刚出生的鸡宝宝也长着牙齿。

我们人类吃饭的时候会用牙齿切碎、咀嚼食物。只是，我们人类的牙齿长在嘴里，而鸡宝宝的牙齿长在嘴外，就长在嘴巴尖上，人们称它为卵齿。它是像玻璃质一样的三角形突起。看到这里，你也许会嗤之以鼻："这不是长在毫无意义的地方吗？"对此，请你不妨回想一下鸡宝宝从蛋壳里孵出的瞬间，鸡蛋里传来"咯噔""咯噔"的声音时，你不会想到，这时鸡宝宝正在使用卵齿敲打蛋壳，然后它就会破壳而出了。

就如同人类的乳牙会脱落一样，鸡宝宝的卵齿在孵化后很快就会脱落。顺便提一下，乌龟等卵生动物出生时也有卵齿。

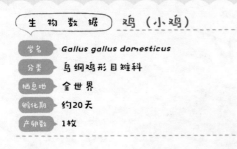

生物数据　鸡（小鸡）

学名	Gallus gallus domesticus
分类	鸟纲鸡形目雉科
栖息地	全世界
孵化期	约20天
产卵数	1枚

卵齿

黑猩猩的雌性宝宝喜欢拿着树枝自己玩

　　小时候，大家喜欢拿着玩偶玩过家家游戏吗？据研究，拥有人类3岁儿童一样智商的黑猩猩也喜欢玩过家家游戏。

　　据最近的调查研究[1]显示，黑猩猩的雌性宝宝会做出像妈妈照顾孩子一样的行为，比如它们会像抱玩偶一样抱着树枝。在长达14年的研究过程中，这一行为被确认多达100余次。雌性宝宝有时会把木棒带进巢穴里，独自默默地玩过家家游戏。这种行为在雄性身上和母亲一代的雌性身上看不到，是雌性宝宝的特有行为。人们认为，这是雌猩猩宝宝为将来成为妈妈而进行的预先练习。

　　人类幼时也会玩过家家之类的游戏，黑猩猩也一样。话虽如此，如果我们自己的女儿也一个人独自玩玩偶，妈妈和爸爸可能就会有她"没有好朋友"的担心。

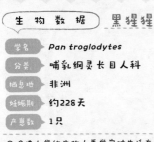

生物数据 黑猩猩

学名	*Pan troglodytes*
分类	哺乳纲灵长目人科
栖息地	非洲
妊娠期	约228天
产患数	1只

①哈佛大学的生物人类学家对生活在乌干达基巴莱国家公园的黑猩猩进行了14年的调查研究。

不到6个月的人类宝宝并没有哭泣?

　　人类宝宝刚出生不久时经常啼哭，为此有人说他们"哭是工作"。但是，如果仔细观察从出生到第6个月之间的宝宝，我们就会发现宝宝明明在哭却"不流泪"。这是为什么呢？

　　其实，眼泪流出来是为了保护眼睛的。宝宝刚出生时，由于产生眼泪的机制还没发育成熟，没有积累到能流出来的眼泪量，所以啼哭时不流泪。而且，因为大脑也没发育成熟，所以宝宝不能因产生"悲伤""疼痛"等情绪而啼哭，他们只是不停地大声叫嚷。随着年龄的增长，他们的啼哭便成为真实情绪的反应。因而，看到正在啼哭的宝宝，不要以为他（她）在假哭，得找个理由让他（她）安心下来。

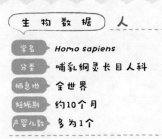

生 物 数 据　人

学名	*Homo sapiens*
分类	哺乳纲灵长目人科
栖息地	全世界
妊娠期	约10个月
产婴儿数	多为1个

为了防止干燥，多米尼加树蛙卵会被爸爸用尿液滋润

多米尼加树蛙是在卵中直接发育成蛙形态的。通常情况下，蛙大都是先孵化出蝌蚪再长大变成蛙的。为什么多米尼加树蛙会直接发育成蛙形态出生呢？这是因为它们生活在少水的环境里，如果孵化出的是蝌蚪，蝌蚪就会因缺水而无法生存。

雄性多米尼加树蛙负责保护雌性产下的卵，一直持续数周，直到卵孵化出蛙为止。有时候，雄性为了保护卵，防止卵太干燥，会在卵上撒上自己的尿。虽然我们会觉得气味难闻，但是对它们来说，尿液也是非常宝贵的水分。不管怎么说，蛙卵都受到了尿液的恩惠。

日本的绿叶树蛙也会撒尿滋润蛙卵，在雌蛙产卵的时候，会有多个雄蛙在卵上撒尿，然后用后脚搅拌。卵变干时，会形成坚固的保护膜，保护卵内部湿润和防止外敌的侵害。尿，真的好厉害！

生物数据　多米尼加树蛙

学名	*Eleutherodactylus coqui*
分类	两栖纲无尾目树蛙科
栖息地	波多黎各、比耶克斯岛、库莱布拉岛
孵化期	14～17天
产卵数	16～40粒

非洲沙鸡宝宝喝爸爸用羽毛运回来的水

　　非洲沙鸡生活在非洲南部的沙漠中。雄性沙鸡在沙漠中发现了珍贵的水源地（绿洲）后，就会飞到那里的水中，将腹部浸入水里，待羽毛充分吸水后就飞回鸟巢。巢中的宝宝们会将嘴插入湿羽毛里喝水。

　　尽管带回的水中混杂着沙尘和雄性沙鸡的汗水，但宝宝们仍然不顾一切地"咕噜咕噜"地喝着。雄性沙鸡羽毛中积蓄的水量最多有40毫升，差不多有8茶匙那么多，宝宝们可以持续地喝上10分钟左右。

　　因为鸟巢距离水源有几十公里远，雄性沙鸡着实非常辛苦。如果在水源地附近筑巢就不需要这么辛苦地取水，但是水源地附近生活着各种各样的动物，有些会对宝宝们构成威胁。为了可爱的宝宝，雄性沙鸡选择了不辞辛苦地远距离运水。

生物数据　沙鸡

学名	*Pterocles*
分类	鸟纲鸠鸽目沙鸡科
栖息地	非洲南部卡拉哈里沙漠
孵化期	约22天
产卵数	2～3枚

现在马上给爸爸看！
这个"奶爸"真厉害！

不管是东方还是西方，人类社会都掀起了"奶爸"热潮！但是，动物世界里的"奶爸"更厉害哦。

**在动物世界里，
"奶爸"是理所当
然的！**

"奶爸"是指"育儿的男性"，是我们人类用语。"奶爸"在我们人类中备受关注，但是你知道在动物世界里雄性做"奶爸"是理所当然的吗？

爸爸会非常细心地照顾孩子们，有的爸爸从卵的阶段就开始保护它们，甚至有的爸爸还要负责孵化呢！虽然种类不同，但像这样的"奶爸"在动物界比比皆是。

譬如，不能飞的大鸟——鹤鸵，是一妻多夫制。因为雌鹤鸵生完蛋后马上就离开，所以雄鹤鸵会"几乎不吃不喝，不离开鸟窝"，一直孵蛋。

**尽管如此也要加油！
爸爸们做出了惊人的
努力**

再譬如，帝企鹅的爸爸在-60℃的严寒冬天里，一边忍受着饥饿和寒冷一边孵卵；产婆蟾的爸爸把卵带缠在腿上，在卵变成蝌蚪之前寸步不离地守护……

在动物世界里，很多动物爸爸每天都在奋斗，都在为提高孩子们的生存概率而不懈努力。这些努力总是令人感动得热泪盈眶！（《佛系的蹒跚学步俱乐部》编辑部）

介绍一下动物世界里首屈一指的"奶爸"们。

人类的爸爸们，也请务必学习哦！

我的孵化期是10～25天。妈妈产的卵被放在我的育儿袋中孵化，从自己的肚子里孵化出约2 000条小海马的时候会觉得很有意义呢。（海马爸爸说）

黑颈天鹅父子
黑颈天鹅爸爸和宝宝（出生后1周）

栖息在南美洲南部的黑颈天鹅爸爸，竟然把出生后的幼鸟们背在背上长达1年之久。爸爸一直守护在孩子们的身边。

妈妈产后马上就会怀上下一个孩子哦。一边怀孕一边养育孩子很辛苦，为了减轻妈妈的负担，我负责养育孩子。（狨猴爸爸说）

海马父子
海马爸爸和宝宝（出生后1周）

爸爸的腹部附有被称为"育儿袋"的袋子，保护妈妈产的卵直到长成小海马为止。爸爸的腹部隆起，看起来像孕妇一样。

啊，我们的家庭关系很好。妈妈每次生4～8枚蛋，需要孵化约36天。因为我们是夫妻一起养育孩子，所以那也是一段非常快乐的时光呢！（黑颈天鹅爸爸说）

狨猴父子
狨猴爸爸和宝宝（出生后8周）

育儿中的爸爸，接受后叶加压素①这种物质的蛋白质会增加。据说，这种物质会释放出深刻的爱情和牵绊等信号。

① 后叶加压素是一种同社会联系相关的让人感觉良好的激素。

第3章

华丽的转变！

顺利完成变身
的宝宝

一些出生时长得很圆滑的宝宝，
长大后会变得让人无法将两者联系在一起。
来，看看动物宝宝们的"大变身"吧！

熊猫宝宝出生时
缺乏认同感

　　有着婴儿般的体形，长着肉眼可见的黑白花纹，还会做出像人类一样的动作，它就是拥有很多可爱元素的人气动物——熊猫。我们这里说到的"熊猫"，指的是大熊猫。之所以这么解释，是因为人们曾把最先发现的小熊猫命名为"熊猫"。大熊猫是其后才发现的，不过后来它的名气越来越大，所以人们就把大熊猫叫作"熊猫"，将小熊猫起了一个"小一点"的名字，叫作"小熊猫"。总之，这个命名过程有点复杂。

　　熊猫宝宝刚出生时是粉红色的，皮肤上长着白色的绒毛，乍看上去还真不好说是什么动物。出生后1个月左右，它的身上才出现黑白花纹。说不定它也没有预料到自己将来会变成黑白色。

生 物 数 据 ）熊猫

学名 **Ailuropoda melanoleuca**

分类 哺乳纲食肉目熊科

栖息地 中国西部

妊娠期 83 ~ 200 天

产崽数 一头

刚出生是粉红色的。

体长5厘米左右。

哎呀，刚开始和妈妈的长相相差太多，差点以为自己找错妈妈了，太吓人了。

火烈鸟宝宝的腿看起来
超级硬朗

　　成年火烈鸟最明显的特征是其身体呈红色，但刚出生的宝宝的身体是白色的。它们的身体要变成父母那样的红色，需要两年左右的时间。火烈鸟吃的藻类中含有β-胡萝卜素和胡萝卜素等色素成分，受色素积累的影响，它们的身体会逐渐变成红色。

　　火烈鸟宝宝的腿很有特点。相对于身体，腿占的比例较大，看上去上腿过短，下腿过长，很不协调。这种比例从出生时起就是这样，而且两腿中间关节处鼓了起来，显得过粗。不过，随着身体渐渐长大，它们的两腿及与身体的比例将变得协调起来。

　　顺便说一下，火烈鸟看起来像膝盖一样的关节其实相当于人类的脚后跟，它是向后弯曲的。虽然看起来与人类膝盖弯曲的方向相反，但是请不要感到不舒服哦！

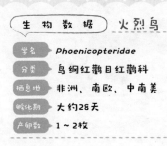

生 物 数 据　**火烈鸟**

学名	*Phoenicopteridae*
分类	鸟纲红鹳目红鹳科
栖息地	非洲、南欧、中南美
孵化期	大约28天
产卵数	1～2枚

亚洲象宝宝出生时长得像老爷爷一样

　　生活于东南亚和印度的亚洲象，自古以来就被驯化用来运输重物、参与宗教仪式，已经融入人类的生活。亚洲象宝宝出生时体重为70~100千克，身上满是皱纹，看起来就像老爷爷一样，而且胎毛很稀疏，看上去就像没毛一样。虽然外表看起来很孱弱，但是出生后它就能站起来。

　　在开始吃草之前的几个月里，亚洲象宝宝吃妈妈的奶来摄取营养，也吃妈妈的粪便。粪便里含有消化所必需的细菌和酵素，属于正常摄入，所以我们会看到像满脸皱纹的老爷爷一样的亚洲象宝宝在吃粪便的情形。

生物数据　亚洲象

学名	Elephas maximus Linnaeus
分类	哺乳纲长鼻目象科
栖息地	印度北部、东南亚等地
妊娠期	615~668天
产崽数	1头

双峰驼宝宝不长长鼻尖
就无法在沙漠中生存

双峰驼就像它的名字一样，背上的两个大驼峰是它最明显的特征。双峰驼生活在中国和蒙古国的沙漠地带，十分耐高温、耐饥渴，即使没有水也能长途跋涉。

双峰驼宝宝的鼻尖很短，并不是典型的"骆驼脸"，而是一张十分可爱的脸。"好想一直这么可爱！"但实际上，它的鼻尖随着成长而变长，并具有不可缺少的功能。因为变长后的鼻子，其鼻孔具有其他动物所没有的瓣膜。这能使它在用鼻子呼气时水分不致流失，在封闭鼻腔时能阻止沙尘进入体内且仍能呼吸。

虽然长大后双峰驼的脸因长鼻尖而变得不再那么可爱，但是要想在严酷的沙漠环境中生存下去，长成长鼻尖是必需的。

生物数据	双峰驼
学名	*Camelus bactrianus*
分类	哺乳纲偶蹄目骆驼科
栖息地	中国、蒙古国
妊娠期	约13个月
产崽数	1头

锦鸡宝宝只有华丽或者朴素两种选择

　　锦鸡生活在中国和缅甸海拔较高的地区，它们是山鸡的近亲，就像其名字叫作"金鸡"或"锦鸡"的字面意思一样，金色的冠羽和华丽的羽毛是它最显著的特征。

　　雄性锦鸡看起来像"埃及艳后"一样艳丽，只有雄性拥有非常华丽的羽毛，而雌性则是有着黑色斑纹的褐色羽毛，相当朴素无华。雄性为了繁衍后代，必须以华丽的外表来吸引雌性。刚出生的锦鸡宝宝超级可爱，只是从外表看不出性别。生长一个月左右，锦鸡宝宝的羽毛开始出现变化，人们可以根据羽毛的颜色分辨它们是雄性还是雌性。它们也就逃脱不了是"埃及艳后"还是"朴素鸡"这两种被选择的命运。

生 物 数 据　锦鸡

学名	*Chrysolophus pictus*
分类	鸟纲鸡形目雉科
栖息地	中国、缅甸北部
孵化期	21～24天
产卵数	5～10枚

驼鹿宝宝的外形看起来就像衣夹

　　驼鹿是世界上最大的鹿科动物，其成年后，肩膀距地面可达2.3米。在历史记录中，有的驼鹿角的长度就超过2米。如果在路上遇到这么大的驼鹿，我们肯定会被吓一跳。如此大的驼鹿，它的宝宝的腿也非常长，比一般动物的腿都长。从正面看，它简直就是一只衣夹。虽然它拥有令人羡慕的长腿，但其样子看上去十分不协调。

　　驼鹿身体的一些部位，出生时就很大，随着身体发育，驼鹿的长腿带给人的不协调感也会逐渐减弱。不过，驼鹿宝宝看到自己明显比例失调的长腿，或许会想着"快点长大，快点摆脱像衣夹一样的长腿"吧。

生 物 数 据　　驼鹿

学名	*Alces alces*
分类	哺乳纲偶蹄目鹿科
栖息地	加拿大、北欧等
妊娠期	约243天
产崽数	1头

银叶猴宝宝有
3个月是一身金色

名副其实，银叶猴有着银色的体毛。但是，银叶猴宝宝刚出生时体毛是金色的，与"银"这种颜色不相称。一般来说，为了避免被敌人发现，动物宝宝出生时的体色大多比父母的更加朴素，为什么银叶猴宝宝的体色这么醒目呢？

如果要找一个理由，它应该是一旦宝宝在森林中走散时容易被父母找到吧。"这个颜色的猴子还是小孩子，大家一起保护它吧！"

银叶猴宝宝出生时屁股上长着白毛，它应该珍惜有这些白毛的时光，因为一旦这些白毛消失，它就会受到父母严厉的管教。出生3个月后，宝宝的身子就变成银色。在此之前，它一身金色，想必它在这段时光内一定大受欢迎吧。

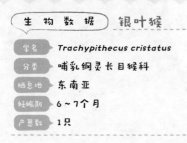

生 物 数 据 银叶猴

学名	*Trachypithecus cristatus*
分类	哺乳纲灵长目猴科
栖息地	东南亚
妊娠期	6~7个月
产崽数	1只

蓝脚鲣鸟宝宝得把脚弄蓝才受欢迎

南美洲厄瓜多尔的加拉帕戈斯群岛上生活着很多蓝脚鲣鸟。顾名思义，它们长着蓝色的脚，看上去两脚就像穿着一双鲜艳的蓝色长筒靴。它们爱吃沙丁鱼。沙丁鱼中含有一种类胡萝卜素，随着色素在体内积累，它们的脚也就变成蓝色。蓝脚鲣鸟宝宝的脚是白色的，随着它吃沙丁鱼的数量增加，两脚就变得越来越蓝。

在雌鸟看来，雄鸟的脚越蓝，说明狩猎能力越好，身体越健康，也就越受欢迎。因此，雄鸟的求爱方式非常独特。求爱时，它们会在雌鸟的身边慢慢地跺脚跳舞，以展示自己的脚是多么蓝。为此，为了将来受到欢迎，雄鸟和雄性宝宝必须多吃沙丁鱼。

生物数据 蓝脚鲣鸟

学名	Sula nebouxii
分类	鸟纲鹈形目鲣鸟科
栖息地	加拉帕戈斯群岛和美洲大陆西海岸
孵化期	6周
产卵数	2～3枚

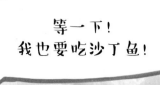

等一下！
我也要吃沙丁鱼！

是的，这就是我们长成
蓝脚的根本原因！

我想快点
变蓝！

捻角山羊宝宝无法摆脱麻烦的角的命运

捻角山羊是体形最大的山羊，在波斯语中，它的名字是"吃蛇者"的意思。捻角山羊最明显的特征是，雄性长有巨大的螺丝状的角，像传说中的生物一样神奇。它还有一个别名，叫作螺角山羊，但还是叫捻角山羊更合适。

雄性捻角山羊螺丝状的角一直不停地生长，可长到160厘米，所以看起来很重。雌性捻角山羊的角较小且质地很脆，用角撞击时会折断，也会弯曲成奇怪的样子，变得十分笨重。

捻角山羊宝宝出生时没有角。一旦长大，无论雄性还是雌性，都只能在"巨大螺丝状的沉重角"或"容易折断的脆角"这两个终极现状中做出选择。

生 物 数 据　捻角山羊

学名	*Capra falconeri*
分类	哺乳纲偶蹄目牛科
栖息地	从喜马拉雅山脉到克什米尔地区
妊娠期	约168天
产崽数	1～2只

短吻针鼹宝宝长着一张
光秃秃的大叔脸

短吻针鼹背上长着像刺猬一样的刺。它是老鼠，还是鼹鼠？我们对它可能会有这样的疑问，但它既不是老鼠也不是鼹鼠，而是与产卵的鸭嘴兽是近亲。雌性短吻针鼹把像虫子一样的软壳卵产在腹部的育儿袋里，孵化10天左右宝宝就出壳了。

短吻针鼹宝宝出生时身上没有针和毛，浑身光溜溜的，就像光秃秃的大叔。"喂，把啤酒拿来！"一见其样子，人们准会不由自主地想到这样的画面。

因为短吻针鼹妈妈没有乳头，所以宝宝会贴在妈妈的肚子上寻找分泌乳汁的乳孔。3个月后，宝宝身上开始长出针刺，为了不伤到妈妈的肚子，它就会离开育儿袋。它的这种表现真是非常不错呢！

生 物 数 据　短吻针鼹

学名	*Tachygolsssus aculeatus*
分类	哺乳纲单孔目针鼹科
栖息地	澳大利亚、塔斯马尼亚岛、新几内亚岛
孵化期	约10天
产卵数	1枚

智利巴鹿宝宝出生后两个月内长得很像小野猪

智利巴鹿是世界上最小的鹿，又名南普度鹿。"普度"这个可爱的名字并不为人熟知，它来自南美洲原住民马普切人的语言，意思是"小的鹿"。

智利巴鹿宝宝身长约25厘米，体重约800克，给人一种非常紧凑的分寸感。从出生到长到两个月左右时，它的背上都有白色斑点花纹，再加上它的腿短，它带给人的印象与其说是鹿，不如说是小野猪。稍不注意，我们很可能就会看错，然后不禁会问："这不是一头小野猪吗？"

一般认为，智利巴鹿只有在宝宝时期才有斑点花纹，其原因是这些斑点花纹能起到伪装效果，以帮助它们融入森林，难以被敌人发现。说实话，正因为它长得很像野猪宝宝，说不定连野猪也会错认为它是自己的宝宝呢！

生物数据	智利巴鹿
学名	*Pudu puda*
分类	哺乳纲偶蹄目鹿科
栖息地	南美洲南部
妊娠期	207 ~ 223日
产崽数	1只

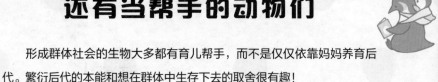

帮手？
那是什么？
好吃吗？

专栏

本月的蹒跚
学步俱乐部③

其实，育儿不只有妈妈，
还有当帮手的动物们

形成群体社会的生物大多都有育儿帮手，而不是仅仅依靠妈妈养育后代。繁衍后代的本能和想在群体中生存下去的取舍很有趣！

**事到如今听不到了！
只有优秀的雌性才有
资格繁衍后代**

有些动物生活在社会性很高的群体中。在群体中养育孩子，有帮手存在是很难得的。例如，只有在群体中排名靠前的"优势雌性"才有资格生育，"劣势雌性"成为专属养育帮手，帮助优势雌性哺育。因为猎物的数量是有限的，为了防止食物不足，群体中不能让所有雌性都生育。

另外，哺乳类与卵生鱼类相比，由于妊娠引起的雌性能量损失较大，因此我们认为哺乳类动物的生育处于最低限度状态。劣势的雌性大多不是因心甘情愿而去帮助其他雌性哺育，而是因为如果被赶出群体，就会出现难以获取食物的问题，而且也存在无法保障自身安全的不利因素，所以很多劣势雌性都是因此而成为哺育帮手的。

另外，生活在雌性较强势的"女性社会"的动物们，会经常与可靠的前辈妈妈们交流，与妈妈的朋友交换信息。彼此之间相互帮助的育儿是不可缺少的。（《佛系的蹒跚学步俱乐部》编辑部）

**在女性较强势的社会
群体里，妈妈们之间
互相帮助是最重要的**

下面为大家介绍各种各样的育儿帮手的例子。

不管是妈妈还是帮手，对宝宝的爱都是一样的！

> 可以吗？就这样抓啊。

我根据宝宝的年龄和能力进行判断，并给予与之相应的猎物进行教育。随着宝宝渐渐成长，我最后会直接拿活的猎物给它练习。（狐獴妈妈说）

斑鬣狗的助手

布奇女士的情况

斑鬣狗在共同的保育场进行哺育，哺乳由妈妈负责。但是，如果妈妈有姐妹，可以交换宝宝来哺乳，互相帮助。

> 育儿要互相帮助！

狐獴的保姆

狐獴妈妈的情况

负责教育宝宝的狐獴会杀死猎物，或者让它们不能动，然后喂给宝宝们。宝宝们跟妈妈学习捕捉猎物和处理猎物的方法。

> 总是给他这样的感觉。

呃？想喝奶吗？啊，顺便把你一起喂了吧。这些宝宝都是我们大家的宝宝。哎呀，虽然群居生活也很辛苦，但还算过得去。（布奇女士说）

环尾狐猴的助手

环尾子女士的情况

环尾狐猴的雌性之间会互相帮助，年长雌性帮助不出母乳的年轻妈妈哺乳宝宝或照顾宝宝。

在帮助因第一次生产而对宝宝的处理方法不熟练的新手妈妈的时候，像我们这样的阿姨就会出场，为那些将来能独当一面的年轻妈妈提供支持。（环尾子女士说）

第**4**章

谢谢你的出生！

出生不济的
动物宝宝

动物宝宝们的出生方式也是各种各样的。

出生前也好，刚出生也好，总是与危险相伴，

长大成年也是一件非常辛苦的事情。

但是，它们会顽强地活下去。

没关系，尽管如此也要坚持！

狗宝宝出生的时候
没有外耳道吗？

狗的智商很高，它们不仅是人类的宠物，还能帮助人类侦察破案、导盲、狩猎等，是人类生活中难得的伙伴。但在出生后两周左右的时间内，狗宝宝的眼睛和耳朵都是闭合的，所以既看不见，也听不见——不要认为小狗没有外耳道，它的外耳道只不过暂时处在闭合状态罢了。

据说，狗宝宝出生后不久就已经具备了相当于人类1000~1亿倍的嗅觉。它们能够感知温度，依靠温度和气味就能找到妈妈的乳房。

顺带一提，刚出生的狗宝宝还不会排便。为此，狗妈妈舔它们肛门附近的屁股，诱导它们排便。狗给人很聪明的印象，但是它们出生后，如果没有妈妈的照顾，就很难生存下去。

生物数据 狗

学名	*Canis lupus familiaris*
分类	哺乳纲食肉目犬科
栖息地	全世界
妊娠期	50 ~ 70日
产崽数	3 ~ 12只

变色龙宝宝刚出生就能像
变脸一样迅速变色

　　变色龙宝宝刚出生的时候是深绿色的，但是出生后瞬间就能改变身体颜色。"反正身体会变色，出生后变为花纹就好！"一种研究认为，变色龙之所以能快速变色，是由其皮肤特性造成的。它们的皮肤是透明的，里面有很多叫作"纳米结晶"的物质，通过这些物质改变光的折射，就能使身体的颜色发生变化。

　　变色龙宝宝出生时的深绿色是最初的颜色，紧接着它的防卫本能开始显现，身上变为花纹。变色龙妈妈产完卵之后就一去不复返，从来不养育孩子。失去父母的保护，变色龙宝宝从出生时起就要保护自己。刚出生就能自立，它们真是太坚强了。

生物数据　变色龙

学名	Chamaeleonidae
分类	爬行纲蜥蜴目避役科
栖息地	撒哈拉沙漠以南的非洲大陆、阿拉伯半岛南部、印度、斯里兰卡、巴基斯坦、马达加斯加
孵化期	约3个月
产卵数	2～80枚

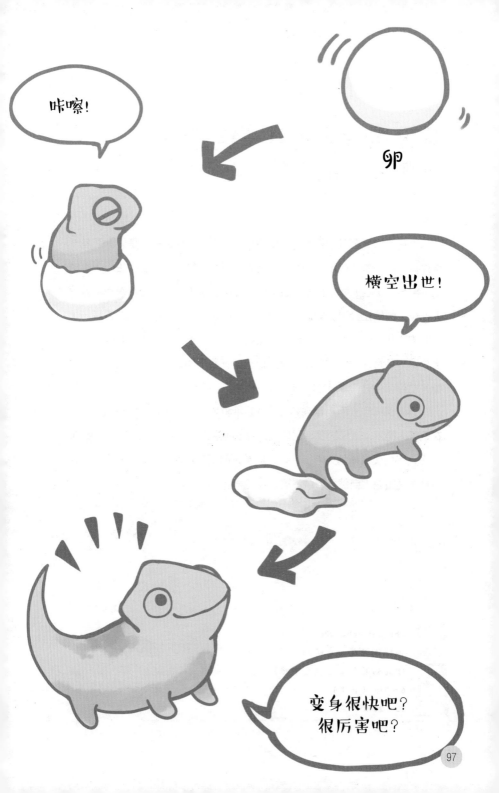

胃育溪蟾宝宝是在妈妈的
胃里长大出生的

　　胃育溪蟾又名南部胃育蛙或南胃孵蛙。之所以这么说，是因为它是一种稀有的蛙，雌性在胃里将卵孵化并养育宝宝，最后从嘴里"生出"（吐出）宝宝。"它的卵在胃里不会被消化掉吗？"不会，因为雌蟾吞下卵后会绝食，会停止分泌盐酸。雌蟾为了下一代是多么努力啊！它的胃是一个临时的育儿所，当卵在胃里孵化为蝌蚪时，为了不被胃液侵蚀，蝌蚪的鳃会分泌一种特殊的化学物质来保护自己。在吞下卵6~7周，蝌蚪发育成幼蟾并发育完全时，雌蟾才吐出它们。

　　为了保护宝宝而用胃来养育，并且绝食将近一个半月，雌蟾的付出实在是无人能及。遗憾的是，这种努力也没能挽救它们的种族。在20世纪80年代，胃育溪蟾遭到灭绝。现在，科学家们正在开展技术复活研究，以让胃育溪蟾重返大自然。胃育溪蟾，我们等着你哦！

生物数据　胃育溪蟾

学名	Rheobatrachus silus
分类	两栖纲无尾目龟蟾科
栖息地	澳大利亚昆士兰（已灭绝）
孵化期	6~7周（胃中）
产卵数	18~25粒

牛宝宝多在满月之夜出生

　　自古以来就有"满月之夜生育量增加"的说法。为此，东京大学研究生院的研究者们以牛为对象进行了验证①。他们对428头牛的生产日与月亮盈亏程度之间的月龄关系进行了调查，结果证实，从满月前3天到满月这段时间，牛的生育量增加了。古老的传言竟然是真的！

　　目前，人们还不知道出现这种现象的原因。不过，人们已经确认，有些鱼类和贝类会在大潮（满月）时产卵。因为在这个时候产卵，卵会随着潮水被带到海里，这样可大大增加后代存活下来的概率。也许这当中的某种利于自己的遗传因子也残留在牛和人类身上吧。看来，月球对地球生物的影响是不可估量的。

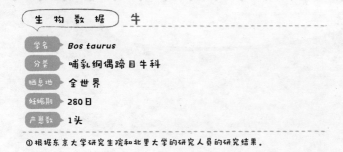

生物数据　牛

学名	*Bos taurus*
分类	哺乳纲偶蹄目牛科
栖息地	全世界
妊娠期	280日
产崽数	1头

①根据东京大学研究生院和北里大学的研究人员的研究结果。

眼镜王蛇宝宝出生时 见不到妈妈

眼镜王蛇是唯一会筑巢并在巢中产卵的蛇类，一般一个产卵期产卵20~50枚。在孵卵的60~80天里，雌蛇会在巢中保护蛇卵以免发生意外。眼镜王蛇通常吃其他种类的蛇和蜥蜴等，饥饿时也会吃同类，所以雌蛇要保护蛇卵不被其他动物及同类食用。

在蛇卵快要孵化完成的时候，雌蛇会离开巢穴。在此之前，雌蛇受激素影响采取"护卵"行动，但是当宝宝孵化出来后，受本能驱动，它会吃掉宝宝。因此，也许受另一种本能驱动，雌蛇在蛇卵孵化完成之前都选择了离开。这样，宝宝出生后就不用担心被亲生母亲吃掉了。嗯，放心吧！

生物数据) 眼镜王蛇

学名	Ophiophagus hannah
分类	爬行纲有鳞目眼镜蛇科
栖息地	中国、印度东部、印度尼西亚和柬埔寨等东南亚国家
孵化期	60 ~ 80天
产卵数	20 ~ 50枚

负鼠宝宝可能因为兄弟姐妹太多而吃不上奶

负鼠的外观和老鼠相似，同袋鼠一样，它们也是用腹部的育儿袋来哺育后代的有袋类动物。负鼠的孕期为12~14天，这在哺乳动物中是最短的。雌负鼠一次能产8~18只宝宝。也就是说，负鼠通过快生、多生的方式来繁衍后代。但是，一次产下这么多宝宝，并不能保证每只都能存活下来。

出生后，负鼠宝宝依次进入育儿袋，吸附在妈妈的乳头上，但是乳头的数量只有13个。如果一次生下的宝宝太多，乳头的数量显然不够。喝不上奶的宝宝，即使好不容易来到世间，也注定会死亡。

在乳头争夺战中获胜的负鼠宝宝，大约10周后从育儿袋里爬出来，一直爬到妈妈的后背上。为了不让自己被兄弟姐妹挤掉下来，它们一个个吵吵嚷嚷着紧紧抓住妈妈的后背不放。

生 物 数 据　负鼠

学名	Didelphinae
分类	哺乳纲负鼠目负鼠科
栖息地	美洲大陆
妊娠期	12 ~ 14天
产崽数	8 ~ 18只

考氏鳍竺鲷宝宝是在爸爸的嘴里出生并长大的

考氏鳍竺鲷生活在西太平洋印度尼西亚一带海域。在夏天的繁殖期里，雌鱼、雄鱼通过友好配对产生受精卵后，雄鱼会立即将受精卵吞入口中。看到这种情形，谁都有可能被吓一跳，担心受精卵是不是被吃掉了。

其实，考氏鳍竺鲷属于"口内保育鱼"，是一种在嘴里孵卵的珍贵生态鱼类。繁殖期产生的小而无防护措施的受精卵，很容易被其他鱼吃掉，所以在雄鱼的嘴里孵卵是最安全的。

雄鱼在用嘴孵卵直至孵出宝宝在嘴里生活的期间，什么东西也不吃。它们原本就以小虾、螃蟹、其他鱼的卵和幼鱼等为食物，在这期间竟然不吃已经"到嘴"的卵和宝宝，从某种意义上来说，是让人感到不可思议的。

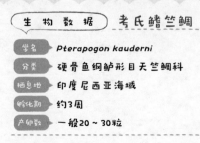

生物数据　考氏鳍竺鲷

学名	*Pterapogon kauderni*
分类	硬骨鱼纲鲈形目天竺鲷科
栖息地	印度尼西亚海域
孵化期	约3周
产卵数	一般20～30粒

我是超级"奶爸"啊！

喂，刚才没看见恐怖的东西吗？

啊，吓死了！

爸爸的嘴里还是很安全的。

三刺鱼宝宝出生在用爸爸分泌的黏液制成的产卵床上

　　三刺鱼中的雄鱼是筑巢的能工巧匠，不仅会筑巢，还会一直贴身照顾后代，从受精卵开始，一直到受精卵孵化出宝宝及宝宝离巢为止，是鱼中的超级"奶爸"。雄鱼先挖出产卵床，然后用肾脏分泌的黏液将搬至产卵床的水草压实，再做成有出入口的巢穴。有了巢穴之后，雄鱼向雌鱼求爱，随后雌鱼进入巢穴并在产卵床上产卵。

　　雌鱼产完卵后，也不知什么原因，就被雄鱼早早地赶走。雌鱼被赶出巢穴后，大多数就死掉了。宝宝们就在这种单亲家庭中长大。

　　雌鱼离开后，雄鱼开启"奶爸"生活模式，不停地活动着胸鳍，一会儿为巢穴里的受精卵输送新鲜的水，一会儿用黏液修补一下巢穴，忙得不可开交。虽然巢穴里有点黏糊糊的感觉，但是对受精卵来说没有比这更安全的地方了。不过，要是雄鱼稍微不注意，受精卵还是有可能被其他鱼吃掉。

生 物 数 据　三刺鱼

学名	*Gasterosteus aculeatus*
分类	辐鳍鱼纲刺鱼目刺鱼科
栖息地	北半球的亚寒带
孵化期	7~8天
产卵数	40~300粒

保佑孩子们都能
茁壮成长！

爸爸，谢谢你！

抱歉，有些黏
糊糊的……

刺猬宝宝出生时背部有100根棘刺

刺猬别名猬鼠，虽然名字里带个"鼠"字，但它不是老鼠的近亲，而是鼹鼠的近亲。

刺猬身上长着无数的棘刺。这么多棘刺，宝宝出生时会不会让妈妈的产道变得伤痕累累？其实，刺猬像牛、狗、猫一样，出生时被充满羊水的羊膜包裹着，并慢慢地出生。另外，刺猬宝宝出生时，背部的棘刺并不是露在皮肤表面，而是藏在皮肤下面。所以，它们出生时不会伤到妈妈。

刺猬宝宝出生时，仅背部皮肤下已经藏了100根左右的刺。出生后不到1小时，身上的刺就渐渐地从皮肤下面露出来，过了1天就变成了白色。不过，因为这些刺是由毛发变硬而产生的，所以刚出生时是柔软的，随着成长，它们就变成和父母身上一样坚硬的棘刺。这个过程，就像魔术表演吧！

生物数据 刺猬

学名	Erinaceus amurensis
分类	哺乳纲猬形目猬科
栖息地	欧洲、中东和近东、东亚等
妊娠期	约35天
产崽数	3～4只，有时11只

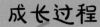
成长过程

刚出生时

我给你们表演
一个魔术!

一个小时后

瞧,针长出来了!

我好像变白了!

一天后

成年

今天终于长大啦!

海龟宝宝出生后紧张不安地奔向大海

海龟妈妈先在沙滩上挖个洞，然后在洞内产下100枚左右的蛋，两个月左右后，海龟宝宝就从这些蛋里破壳而出。海龟妈妈产蛋时会流泪，但它们这样做，既不是因为痛，也不是因为悲伤，而是让多余的盐分从眼睛里流出来。所以，我们对此不必产生什么特别的联想。

刚孵化出来的海龟宝宝一个个会尽力爬向大海。你知道原因吗？因为此刻它们处于高度紧张状态。它们的内心可能在说："糟了！糟了！必须快点去海里！"它们一心爬向大海，不吃不喝，大约需要两天才能爬进海里。在这一过程中，大部分海龟宝宝都被海鸥等天敌吃掉了，能回到海中生存的概率很低。所以，海龟宝宝要尽早离开充满危险的地面。如果不让自己处于高度紧张状态，也许就无法获得生存机会。

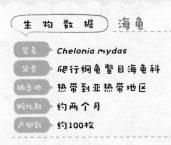

生 物 数 据　海龟

学名	*Chelonia mydas*
分类	爬行纲龟鳖目海龟科
栖息地	热带到亚热带地区
孵化期	约两个月
产卵数	约100枚

113

我们甜蜜的小故事怎么样？

你知道我们每天都在拼命生活吗？

也许，在大家看来……

"真有趣！"也许会这么想。

我们总是拼命地想活下去！

因此，如果你发现了我们……

别气馁！
尽管如此也要坚持！
支持我，我会很开心的！

下次在什么地方见吧！再见！